◖◗知識繪本館

科學不思議 ❻ 生理時鐘滴答滴

作者｜吉村崇
繪者｜伊東亜野
譯者｜李彥樺
審訂｜陳示國

責任編輯｜曾柏諺、詹嬫馨
美術設計｜丘山
行銷企劃｜李佳樺

天下雜誌群創辦人｜殷允芃
董事長兼執行長｜何琦瑜
媒體暨產品事業群
總經理｜游玉雪
副總經理｜林彥傑
總編輯｜林欣靜
版權主任｜何晨瑋、黃微真

出版者｜親子天下股份有限公司
地址｜台北市 104 建國北路一段 96 號 4 樓
電話｜（02）2509-2800　傳真｜（02）2509-2462
網址｜www.parenting.com.tw
讀者服務專線｜（02）2662-0332　週一～週五：09:00-17:30
傳真｜（02）2662-6048　客服信箱｜parenting@cw.com.tw
法律顧問｜台英國際商務法律事務所‧羅明通律師
製版印刷｜中原造像股份有限公司
總經銷｜大和圖書有限公司　電話：（02）8990-2588

出版日期｜2023 年 10 月第一版第一次印行
定價｜320 元
書號｜BKKKC244P
ISBN｜978-626-305-479-0（精裝）

國家圖書館出版品預行編目（CIP）資料

科學不思議 .6：生理時鐘滴答滴 / 吉村崇作；
伊東亜野繪；李彥樺譯 . -- 第一版 . -- 臺北市：
親子天下股份有限公司 , 2023.10
　48 面；19.5 x 25.5 公分 . -- (知識繪本館)
注音版
ISBN 978-626-305-479-0(精裝)
1.CST: 人體生理學 2.CST: 通俗作品
397　　　　　　　　　　　　112005698

訂購服務
親子天下 Shopping｜shopping.parenting.com.tw
海外‧大量訂購｜parenting@cw.com.tw
書香花園｜臺北市建國北路二段 6 巷 11 號　電話（02）2506-1635
劃撥帳號｜50331356 親子天下股份有限公司

立即購買 >

科學不思議6

生理時鐘滴答滴

作者／吉村崇　繪者／伊東亜野　譯者／李彥樺

審訂／陳示國 臺灣大學生命科學系時鐘生物學家

每天晚上，我們都會很自然的想睡覺。

到了早上，我們也會很自然的醒過來。

為什麼我們會醒過來？
是因為太陽晒屁股了嗎？
還是因為鬧鐘響了呢？

　　這些當然都有可能，但就算我們住在無法分
辨白天還是晚上的漆黑洞窟裡，仍然會在固定的
時間想睡覺，並在固定的時間醒來。

　　這是因為在我們的身體裡面，有著看不見的時鐘 —— 生理時鐘。

　　我對這種神奇的生理時鐘很感興趣，因此一直進行著相關研究唷！

每到早上，公雞就「咕咕咕」的啼叫。那麼，如果我們把公雞放在黑暗的房間裡，到了早上牠還是會啼叫嗎？就像人類會在早上自動醒來？為了知道答案，我跟夥伴一起做了測試實驗。

我們把公雞長期飼養在沒有光線的房間裡，而公雞每到早上依然會啼叫。換句話說，就算看不見日出，公雞還是能靠著體內的生理時鐘知道時間。

清晨4點左右

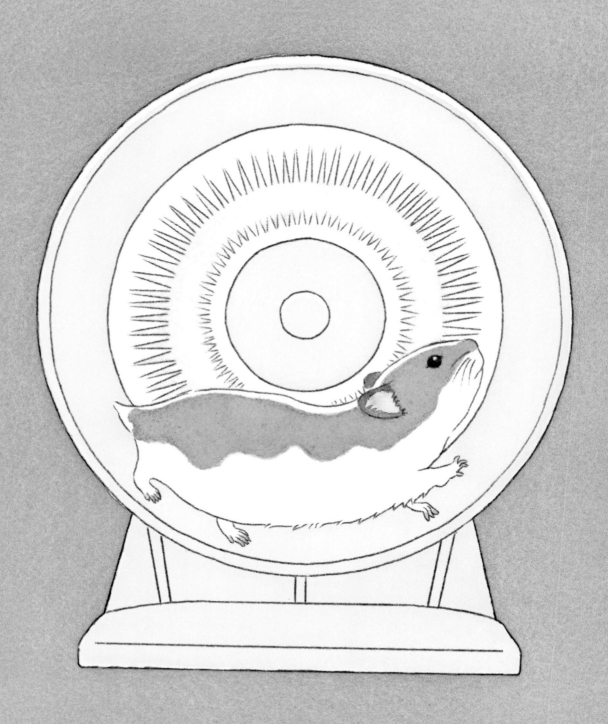

喜歡在滾輪上奔跑的倉鼠是夜行性動物，所以牠們總是晚上才會去跑滾輪；就算把倉鼠養在黑暗的房間裡，牠們也會在固定的時間奔跑。雖然倉鼠的身體很小，但據說一個晚上可以跑上 5 公里。

地球上絕大部分的生物，身體裡都有這種神奇的生理時鐘，就算是昆蟲或是植物也不例外。

例如，有些種類的蚊子傍晚會聚集在一起，形成黑壓壓的「蚊柱」，這也是多虧了生理時鐘，讓蚊子們能在同樣的時間聚集，提高交配的成功率。

不過有一點必須注意，那就是很多生物的「一天」，並不像人類一樣是 24 小時，牠們有著各自不同的生理時鐘。

以倉鼠為例，如果將倉鼠放在漆黑的房間裡好幾天，會發現牠們去跑滾輪的時間似乎漸漸延後。這是因為倉鼠的生理時鐘，一天不是 24 小時而是 24 小時又 5 分鐘。所以牠們去跑滾輪的時間，一天比一天稍晚一些。

每一種生物的生理時鐘都不一樣。 再以公雞為例， 如果把牠們關在黑暗的房間中， 公雞會隔23小時又40分鐘後才再度啼叫。 所以若待在沒有光的房間內， 公雞啼叫的時間就會一天比一天早。

　　小白鼠的生理時鐘大約是23小時又30分鐘，人類的生理時鐘則是25小時左右。也就是說，如果人類一直待在漆黑的洞窟裡，每天上床睡覺的時間大約會延後1個小時。

　　可是，為什麼我們能每天過著規律的生活，不會產生誤差呢？

編按：生理時鐘存在個體差異，實驗結果也會受到品種、實驗條件不同而異。

每天早上拉開窗簾，我們都
會看見耀眼的陽光。是的，答案
正是清晨的陽光。

當我們每天早上感受到陽光時，體內的生理時鐘就會得到校正。

對生物來說，能夠在白天和夜晚過著規律的生活，是一項相當重要的能力。

科學家認為，在地球上還有很多恐龍的遠古時期，哺乳動物的祖先為了躲避恐龍攻擊，養成了在夜間活動的習性。

16

　　當恐龍滅絕之後，　有一部分哺乳動物轉為在白天活動。　據說人類就是從這些哺乳動物演化而來的。

　　如今，　人類是日行性動物，　而地球上仍有許多夜行性動物，　但在漫長的歲月裡，　每一個動物的身體都牢牢記住了日夜不斷交替的節奏，　成為了所謂的「生理時鐘」。

生理時鐘在生物的行為與生理表現上，有些是以天，但有些生物不是，而是更長（或更短）的時間。

　　德國科學家將黑喉鴝這種鳥類，飼養在感受不到季節變化的實驗室裡長達10年。結果發現，牠們依舊每隔5個月左右就會更換羽毛。

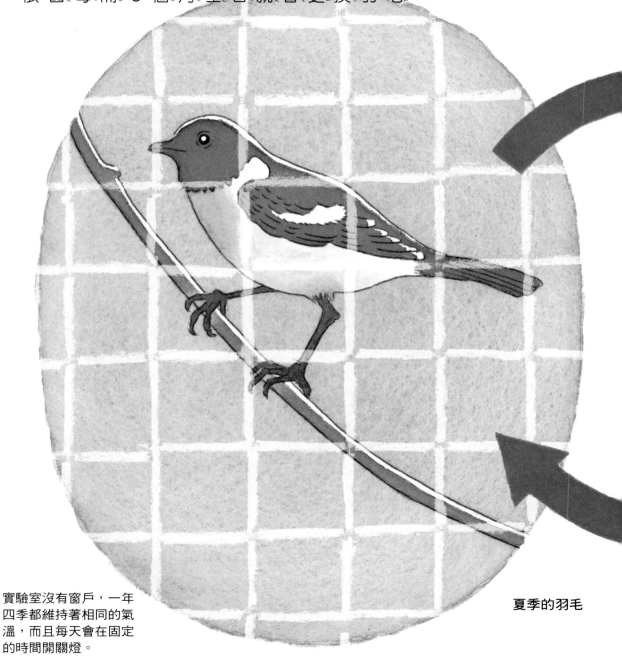

實驗室沒有窗戶，一年四季都維持著相同的氣溫，而且每天會在固定的時間開關燈。

夏季的羽毛

這表示在黑喉鴝的體內，有著循環週期大約半年或 1 年的季節型生理時鐘。這種長週期的生理時鐘同樣需要陽光校正，否則誤差也會越來越大。

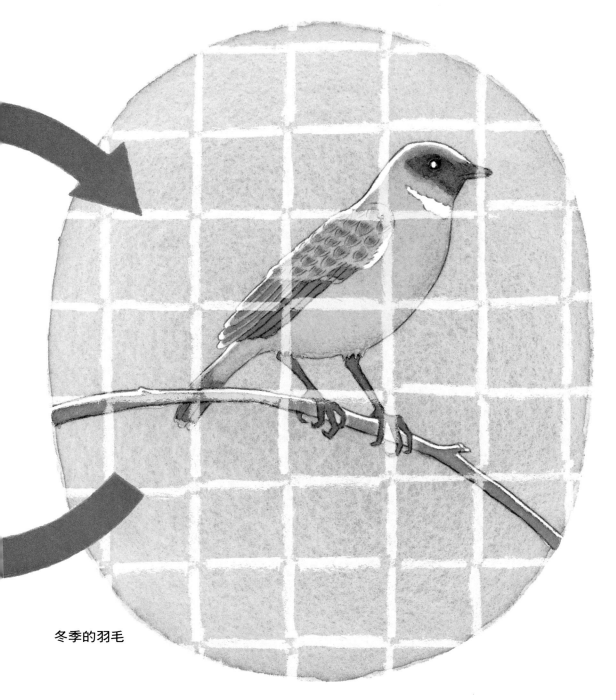

冬季的羽毛

白天的長度：
11 個小時又 30 分鐘

　　當校正季節型生理時鐘時，生物仰賴的是「太陽出現在天上的時間」，也就是「白天」的長短。舉例來說，當白天長度只有 11 小時又 30 分鐘時，鵪鶉並不會產卵，但當白天長度超過 12 個小時，牠們就會開始產卵。雖然鵪鶉身上沒有計時器，卻能精確區分 30 分鐘的差異。

　　有些人會認為「靠天氣冷熱也能判斷季節」，
但其實以溫度來判斷季節相當不可靠。

　　因為每一季，甚至每一天的溫度都可能有很大
的變化，有時夏天特別涼爽、有時冬天特別溫暖；
有時昨天還很溫暖，但到了今天卻突然變得很冷。　　21

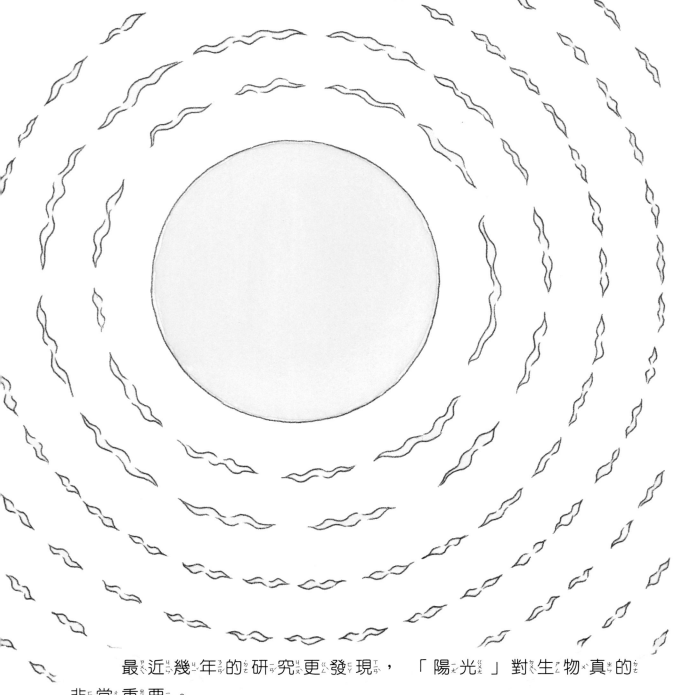

　　最近幾年的研究更發現，「陽光」對生物真的非常重要。

　　包含我們人類在內的哺乳動物，都是用眼睛來感受光線。不過科學家發現，像是鳥類、蜥蜴、青蛙、魚類等動物，還有其他可以感受光線的器官。

例如在鵪鶉的腦部深處，有著所謂的「第三隻眼」。

這個部位雖然沒有視覺能力，卻能夠直接感受到光線。除了鵪鶉之外，許多鳥類腦部也有直接感受光線的能力。

光線進入腦部後，強度會衰減到原本的千分之一，並在這個部位被感受到。

23

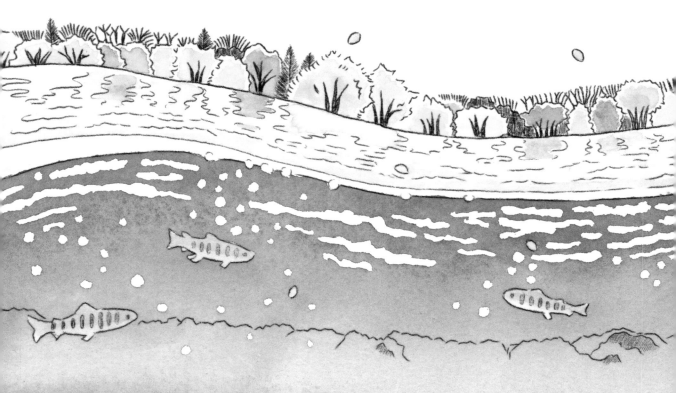

　　科學家還發現，日本櫻鱒的腦中也有一個名為「血管囊」的器官，不僅能夠感受到光線，還能夠判斷春天的到來，並釋放荷爾蒙，告訴身體「春天來了」。

血管囊

　　由於人類的頭蓋骨又大又厚，所以陽光幾乎沒辦法透入腦中，但是魚類和鳥類的腦部很小、頭蓋骨也很薄，陽光就能輕易透入牠們的腦中。

　　我們也能用自己的身體來做實驗：試著伸出手擋住太陽，有沒有發現手掌變得比較明亮？這正是因為太陽光透過了手掌的關係。

陽光會影響生物體內生理時鐘
的運作，而一天之所以有白天和黑
夜、一年之所以有四季的變化，都
是因為地球正在轉動的關係。

　　地球每24小時就會自轉一圈，
每年也會繞著太陽轉一圈。

地球

　　由於地球轉動的速度，每年不
會有太大差異，因此不同季節的日
出時間和白天長度，每年也幾乎一
樣。

　　正因為這個原因，「陽光」成
為了生物最信賴的基準。

太陽

地球是以稍微傾斜的角度繞著太陽旋轉，
因此同一個地區有些時期受太陽光照射時
間較長，有些時期照射時間較短，所以產
生了季節的變化。

生物所有的行為，都與季節息息相關。

例如春天是草木發芽的時節，大地到處都有豐盛的食物，適合養育下一代，因而大多數的生物也會在這個時候分娩或是產卵；相反的，如果寶寶是在沒有什麼食物的寒冬出生，要存活下來就會比較困難。

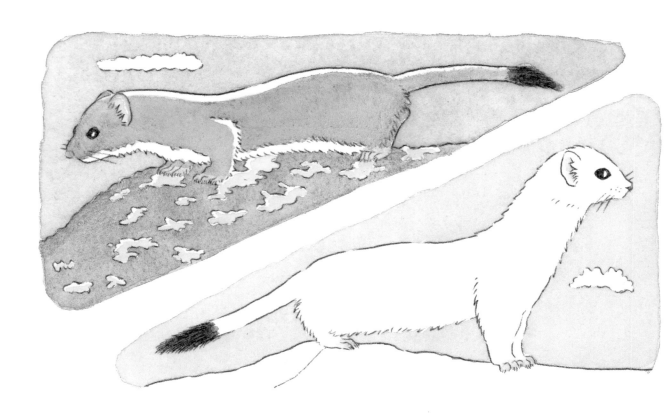

　　有些生物的外貌，更會隨著季節改變。
　　例如白鼬和岩雷鳥，身體到了冬天會變得雪白，
這樣就不容易被天敵發現。

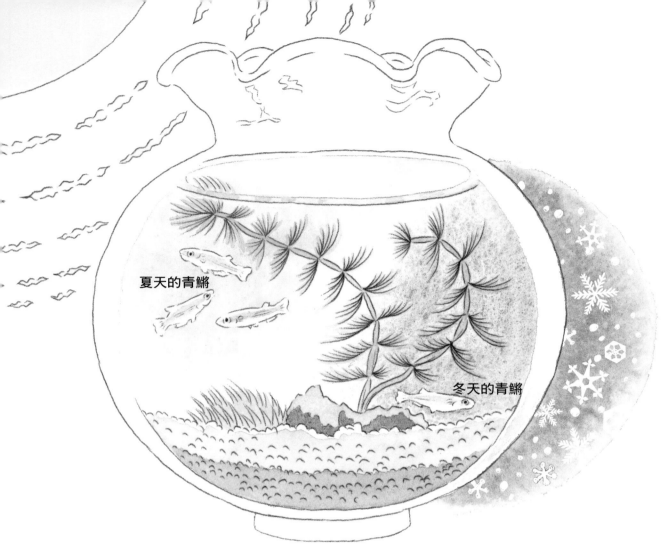

夏天的青鱂

冬天的青鱂

　　青鱂魚在夏天和冬天的行為更是完全不同。 夏天時， 青鱂魚會在魚缸裡精神奕奕的游來游去； 到了冬天， 青鱂魚則會安靜的待在魚缸底部， 幾乎完全不進食。

　　科學家深入研究後發現， 青鱂魚眼睛內的感光細胞會在冬天失去作用， 幾乎無法分辨顏色； 但是一到夏天， 感光細胞又會變得非常靈敏。 因此科學家推測， 這是為了讓青鱂魚更容易找到食物以及配偶。

　　由此可知， 有些生物的外表雖然不會隨著季節改變， 但是身體機能還是會出現變化。

我們目前正在進行一項研究——從日本沖繩縣和青森縣各捉來一些青鱂魚，經過實驗發現，沖繩的青鱂魚當白天長度超過13個小時就會產卵，但是青森的青鱂魚則必須超過14個小時才會產卵。

沖繩

青森

由此可知，這兩個地區的青鱂魚，基因裡頭記錄的產卵條件並不相同：一邊是13個小時，另一邊是14個小時。我和夥伴正試圖解開這個謎團。

我們讓來自沖繩與來自青森的青鱂魚交配，生出了200隻青鱂魚寶寶。這群青鱂魚寶寶長大後，有些是白天長度超過13小時產卵，有些則是超過14小時才產卵。相信未來只要進一步研究這兩種青鱂魚的基因差異，就能夠找出牠們判斷白天時間長短的方法。

　　人類的生理時鐘也跟基因有關。我們人類之所以會和父母相似，是因為父母透過「基因」，把自己的特徵遺傳給了孩子。

　　在人類社會，有著天生容易早睡早起的家族，以及容易晚睡晚起的家族，原因就在於父母會把體內的「時鐘基因」遺傳給孩子。

　　而「時鐘基因」很可能就是掌握生理時鐘奧祕的關鍵。

時鐘基因是一種能夠像時鐘一樣，計算時間的基因。這種時鐘基因究竟藏在哪裡呢？

事實上，我們的身體是由許多名為「細胞」的小房間組成的，一個人的身體大約有37兆個細胞，而在這每一個細胞中，都有時鐘基因存在。換句話說，我們的身體從頭到腳都是時鐘。

但是，身體裡每一個時鐘的前進速度都不太一樣，如果沒有管理，時鐘彼此間的差異就會越來越大，導致身體機能亂成一團。

負責將全身時鐘比對調整的器官，就是大腦裡頭的「視交叉上核」。它就像是交響樂的指揮家一樣，指揮著全身上下所有的時鐘。

視交叉上核

平滑肌（讓腸胃運動的肌肉）細胞

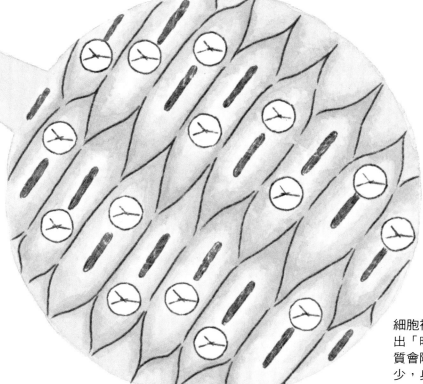

位於大腦中的視交叉上核是一個非常小的器官，長度只有1毫米左右。

細胞裡的時鐘基因，會製造出「時鐘蛋白」。這種蛋白質會隨著時間穩定增加或減少，身體也由此來計算出時間的長短。

現在地球上幾乎所有生物都具備生理時鐘。光從這一點，就可以看出生理時鐘是生物維持生命不可或缺的存在。

雖然人類只是活在「當下」這個短暫的時間裡，但是我們的身體，卻記憶著地球從生命誕生到現在，數十億年之間的時間節奏。

不思議日報

作者的話

生物的奧祕

文／吉村崇

我從小生長在被大自然包圍的日本滋賀縣鄉村。小時候的我最喜歡動物，興趣是在家中飼養從附近捉到的獨角仙、鍬形蟲、雨蛙、草蜥、金龜等等；也曾在央求父母後，養過金魚、鸚鵡、倉鼠、兔子跟狗。小時候我的夢想是長大在動物園裡工作，不過上了大學之後開始對研究感興趣，可以說是一頭栽進了研究的世界裡。我的父親是獸醫師兼研究人員，母親則是出身教育世家。我在父母的影響下，決定從事一個能夠同時享受研究與教育的工作，那就是在大學裡教書。

動物雖然沒有時鐘也沒有碼錶，卻能夠靠著體內的生理時鐘，精確計算出一天或一年之類的週期。我深深被這種奇妙的能力所吸引，因此長年以來持續研究著生理時鐘。

生理時鐘是生物維持生命不可或缺的能力。以人類為例，體溫在清晨最低，而在下午最高；血壓也是一樣，在每天下午會達到最高狀態。根據推測，這是因為人類是日行性動物，白天活動會比較激烈，而提高體溫和血壓，就像是因應大量活動的事前準備工作。

除此之外，到了應該要進食的時間，消化器官的活動就會變得旺盛：太陽下山之後，體溫跟血壓則會下降，讓身體進入休息狀態。我們體內的生理時鐘就像這樣，隨時都在調整身體的運作模式，只是我們往往不會察覺。

我在大學四年級一腳踏進了現在的研究領域。一開始我研究的是許多人都在研究的小白鼠，但後來漸漸開始飼養其他動物。有一天我突然發現自己研究室裡飼養的動物多達 20 種，還常有人說我的研究室「簡直就像個動物園」，這也算是實現了我小時候「想要在動物園裡工作」的夢想吧。我每天都在各種動物的圍繞下，快樂的進行著研究工作。

如果你也是個充滿了好奇心的孩子，和我一樣感覺到「生命真偉大」、「好不可思議」，我很期待有一天能和你（妳）一起從事研究。

作者簡介 **吉村崇**

1970 年出生於日本滋賀縣，1996 年名古屋大學研究所博士課程修畢後，進入名古屋大學農學部擔任助手，並於 2005 年升任助教授、2008 年升任教授；2013 年起擔任名古屋大學轉化型生物分子研究所（Institute of Transformative Bio-Molecules，ITbM）教授，以及在 2013 年至 2019 年間擔任基礎生物學研究所客座教授。研究領域為動物的生理時鐘，曾榮獲日本農學進步獎、日本學術振興會獎、英國內分泌學會國際獎、美國甲狀腺學會 Van Meter 獎等。

導讀
無所不在的光陰世界

文／陳示國
（臺灣大學生命科學系時鐘生物學家）

每當講起最新的科學研究時，大家總覺得內容一定非常艱難、生硬，需要有很多背景知識，才有辦法理解現在的科學進展。不過，拿到這本繪本時，卻讓我產生一種跟過往截然不同的看法。

生物體內的時鐘是最近生物學界最火熱的議題之一。科學家不僅在動物、植物、真菌，幾乎所有生活在地表的生物身上，發現了掌管每日週期的時鐘，而且不同物種體內時鐘的原理還非常相似。每次我在演講時，這也是最能引起聽眾共鳴的主題之一，畢竟這個感覺不到、也摸不到的生理時鐘，可是時時刻刻都在影響我們的日常生活呢！

我們不僅清醒、睡覺受到生理時鐘控制，連體溫、神經的反應速度、血壓高低，甚至肚子裡的益生菌也會由生物時鐘指揮。最近幾年的研究指出，動植物的大部分基因，都受到身體裡好幾個時鐘基因控制。如果生理時鐘混亂、失調，雖然不會立即讓人生病，但是長久下來也會造成許多的健康問題，例如提早老化、慢性發炎等。

當然，一個不能調整指針的時鐘是沒有用的，生物體內的時鐘也可以被外界的各種因子調整。如果有機會出國到不同時區，相信許多人都經歷過「時差」這個讓人做什麼都不舒服的時期，這段時間就是因為體內的時鐘還沒有適應新環境，指揮身體時才會與外面環境產生衝突。不過只要經過幾天，體內的時鐘就會慢慢透過新的日夜週期，調整成正常的狀況，所以調整時差目前最好的方法就是照光。

除了飛越幾千公里會有時差之外，同一個地區在不同季節的日夜週期也有差異，因此許多動物在接受不同光照組合後，也會產生不太一樣的反應，成了「季節型行為」的關鍵之一。

上面描述的內容在這本繪本中都有介紹，這可都是在大學中「時鐘生物學」的課程大綱呢！能用簡單的圖文介紹基礎生物學，真是讓人不得不佩服作者們的努力以及創意。書中最讓我驚豔的地方，就是以小讀者喜歡的手繪圖像、看世界的眼光出發，架構出他們想像中的世界，但是內容又帶有最新的科學知識。

當文中提到在漆黑的洞窟中生活，我們還是會規律的睡覺、起床時，搭配的插圖讓我不禁會心一笑：「這完全就是小朋友心中洞窟的模樣吧？」知識滿滿的文字搭配可愛的插圖，似乎很適合給孩子們當作科學啟蒙的書籍呢。

繪者簡介
伊東亜野

1981 年出生於日本鳥取縣，從山口縣立大學生活科學部環境設計科畢業後，目前一邊接印刷品及網站的設計工作，一邊於 SETSU Mode Seminar 及 Palette Club School 學習插畫技術。曾榮獲 Gallery House MAYA 封面設計競賽 vol.19（2019 年）名久井直子獎、擔任插畫的工作有「東京農業大學『食與農』博物館官方 LINE 貼圖」等。想更進一步欣賞伊東亜野的作品，可以瀏覽他的個人網站：https://ayatoito.com/